AF465815

LE CHEVAL

DU LABOUREUR & DU SOLDAT

ou

LE CHEVAL DE SERVICE

EN FRANCE

par

PROSPER BOUNICEAU

MEMBRE DE LA SOCIÉTÉ D'AGRICULTURE DE LA CHARENTE

INGÉNIEUR EN CHEF DES PONTS & CHAUSSÉES EN RETRAITE

AGRICULTEUR

OFFICIER DE LA LÉGION D'HONNEUR

ANGOULÊME

IMPRIMERIE F. LUGEOL & Co, RUE D'AGUESSEAU, 18

1879

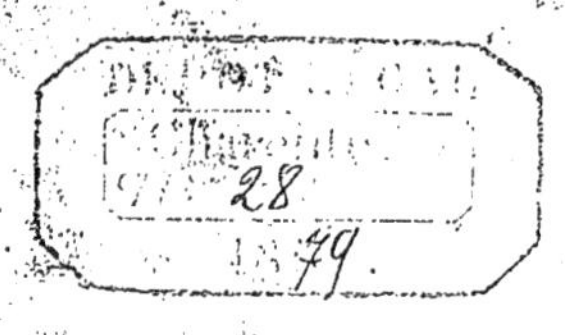

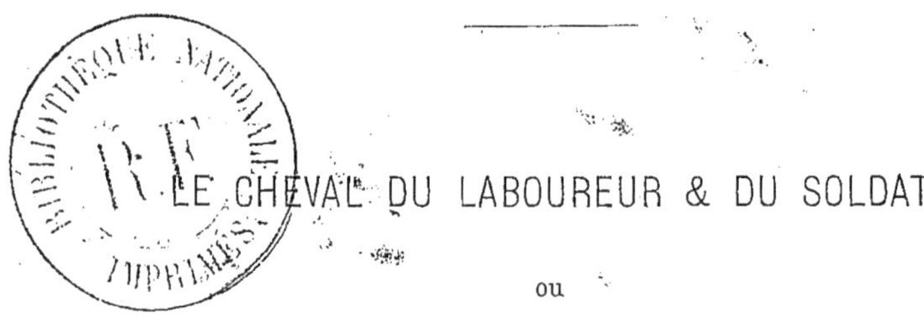

LE CHEVAL DU LABOUREUR & DU SOLDAT

ou

LE CHEVAL DE SERVICE

En France

LE CHEVAL

DU LABOUREUR & DU SOLDAT

ou

LE CHEVAL DE SERVICE

EN FRANCE

par

PROSPER BOUNICEAU

MEMBRE DE LA SOCIÉTÉ D'AGRICULTURE DE LA CHARENTE

INGÉNIEUR EN CHEF DES PONTS & CHAUSSÉES EN RETRAITE

AGRICULTEUR

OFFICIER DE LA LÉGION D'HONNEUR

ANGOULÊME

IMPRIMERIE F. LUGEOL & C°, RUE D'AGUESSEAU, 18

1879

LE CHEVAL

DU LABOUREUR ET DU SOLDAT

OU

LE CHEVAL DE SERVICE

En France

CHAPITRE Ier

POURQUOI J'AI ÉCRIT CETTE BROCHURE

L'Agriculture est un travail qui dépense beaucoup de force. On la trouve dans les hommes, les animaux, la vapeur et l'électricité. Les hommes, on les prend tels que l'économie sociale les a faits ; les animaux, l'agriculteur lui-même les fait naître et les élève ; l'usage de la vapeur n'est appliqué qu'aux propriétés très étendues, qui sont en France l'exception ; l'électricité n'est guère encore qu'en perspective.

Les animaux travailleurs de la ferme se trouvent dans l'espèce bovine et dans les espèces équines qui comprennent les chevaux, les ânes et leurs dérivés, les mulets. Je ne m'occuperai ici que du cheval.

Dans certaines contrées riches, et notamment dans le Soissonnais, le cultivateur achète des chevaux adultes et les emploie à ses travaux jusqu'à leur extrême usure. Quand un cheval acheté 900 fr. est arrivé à son terme, il vaut 150 fr. On a perdu 750 fr.

On préfère souvent, comme dans le pays Percheron, employer des juments qui produisent tout à la fois du travail et des élèves. Ceux-ci sont vendus à l'âge de 6 mois au prix de 400 à 600 fr. (1) On estime que le travail de la jument paie sa nourriture et que la vente du poulain est l'un des bénéfices de la ferme.

D'autres, comme en Beauce, achètent des jeunes âgés de 18 mois à 2 ans, leur font faire les labours jusqu'à l'âge de 4 ans et les vendent alors pour les services divers. On estime, là encore, que le travail a payé la nourriture et que la différence entre le prix d'achat et le prix de vente est l'un des bénéfices du cultivateur.

J'ai essayé d'abord l'usage des poulinières, et la première que j'ai achetée, munie de sa carte de saillie par un très bel étalon carrossier du gouvernement, ayant fait sa délivrance le 7 juillet 1874, j'ai voulu, selon l'usage, la présenter à l'étalon 9 jours après le part.

La station du gouvernement la plus voisine

---

(1) Le cheval Percheron, par Charles du Hays.

de ma propriété se trouvait située à 28 kilomètres.

J'ai trouvé plus d'un inconvénient à ce transport éloigné : 1° Comment faire faire une course si longue à une jument suitée d'un poulain de 9 jours ? 2° Comment le lui faire faire deux fois si la première saillie devait être renouvelée ?

Pour éviter ce double voyage et les embarras du jeune, il fallait atteler la mère à un camion suspendu, y placer le poulain couché et garrotté pendant une journée, laisser la mère, le fils et le camion à la station pendant huit jours. — Comptons : un jour de conducteur pour aller à la station, un jour pour revenir, soit 2 jours. Même voyage au bout de huit jours pour aller chercher cet intéressant bétail, en tout 4 jours à 3 fr. l'un, 12 fr. ; séjour de la jument pendant 8 jours à 2 fr. 50 l'un, 20 fr. ; prix de la saillie 5 fr. ; total 37 fr.

Ce prix étant trop élevé pour le motif que j'indiquerai plus loin, je me suis enquis s'il existait dans mon voisinage une station d'étalons privés. Il n'en pouvait pas exister, me dit-on, parce que là où la population poulinière était suffisante pour entretenir une station d'étalons, le gouvernement venait s'y installer et faisait, avec son prix de saillie de 5 fr., une concurrence qu'un industriel ne pouvait pas soutenir, car il lui faut au moins 10 fr. Je me vis, par conséquent, contraint de sacrifier une année de parturition, et cette année m'apporta un nouvel enseignement.

Sept mois s'écoulèrent : le poulain né chez moi fut sevré et vendu au prix de 137 fr. ; je me récriai contre une rémunération si peu élevée et je sus alors que le prix de 100 à 120 fr. était ici la valeur des poulains de cet âge.

Comptons encore : 37 fr. de frais de monte, onze mois et demi de gestation, sept mois d'allaitement, pour arriver à un produit brut de 137 fr. et un net de 100 fr. Une pareille spéculation culturale est évidemment inadmissible.

Aujourd'hui, le poulain que j'ai vendu a cinq ans : il est petit de taille comme sa mère, avec la grande tête de carrossier de son père ; il est étroit, ses jambes sont grêles, il a l'aspect qu'on appelle vulgairement ficelle. Il m'avait donc été payé assez cher.

J'appris par des renseignements venus de sources diverses, et notamment par le journal de M. Vianne, que les autres départements, sauf les exceptions, étaient assez mal pourvus ; que la race chevaline y dégénérait ; que l'armée n'avait pas pu se remonter à l'époque des guerres de 1859 et de 1870 ; que la disposition prise par le gouvernement de peupler tous ses dépôts d'étalons de la race à peu près unique des carrossiers anglo-normands produisait le plus souvent de mauvais résultats et, à dater de ce moment, je cessai de viser dans mon agriculture à faire naître le cheval de service ou le cheval de guerre, et, ne pouvant me détacher encore de ma préférence pour l'emploi du cheval, j'essayai de faire de l'élevage, en achetant des poulains adultes.

Après les avoir affermis ensemble au travail du pas, je me mis en devoir de les atteler au trot, ce qui se fait d'ordinaire au moyen d'une voiture suspendue, appelée Break ou Camion. L'Administration financière s'interposa et voulut taxer mes élèves comme des chevaux de luxe. C'est en vain que je fis remarquer qu'ils n'étaient pas attelés pour le transport des personnes, mais uniquement pour le dressage; on ne comprit point ce détail et on voulut maintenir la taxe. C'était le coup de grâce, et j'étais, en fait, traqué partout. Cependant, je revins à la pensée d'avoir des poulinières en prenant un étalon à mon compte dans ma ferme; et il tomba dans mes mains, en cet instant même, un journal qui annonçait un Concours de poulinières et de pouliches, où il était expressément stipulé que toute ingérence d'un étalon autre que ceux autorisés par le gouvernement excluait les mères et leurs produits des bénéfices des concours. Il fallait donc, après avoir acheté un étalon, le conduire aux approbateurs. Où? Quand? Comment?... et le temps perdu! les occupations incessantes! on ne s'en inquiète pas. Si mon étalon n'avait pas été du goût des agents examinateurs, ce qui est assez probable, puisque je ne partage pas leur manière de voir sur plusieurs points, il aurait frappé de disgrâce toutes les cavales qu'il aurait touchées, ainsi que leurs produits, quel que fût leur distinction, quel que fût le cas d'atavisme qui aurait fait naître un sujet exceptionnellement beau. Aucun producteur n'aurait voulu avoir recours à mon écurie, qui eût été complétement dépourvue de clientèle.

J'ai donc renoncé, à mon grand regret, à l'élève du cheval, et je fais mes cultures avec des génisses qui, pour prix de leur nourriture, ouvrent laborieusement mes pénibles sillons et me versent, en outre, leur lait d'argent ou me façonnent leurs veaux d'or pour l'alimentation de la ville voisine. Tout en bénéficiant pour mon compte personnel de cette disposition, contraire à mes habitudes antérieures et à mes goûts, je me promis de rechercher comment il advient que, chez un peuple intelligent, où le cheval est utile pour la défense du pays, pour l'industrie et le luxe, il se fait que le cultivateur qui préfère l'élève du cheval à celui de la race bovine, quoiqu'il y trouve moins son compte personnel, en soit empêché par les dispositions du gouvernement même, qui a le plus grand intérêt à la production des chevaux de l'agriculture parmi lesquels on prend chez nous les chevaux de la guerre et des services civils.

C'est pourquoi j'ai écrit cette brochure.

CHAPITRE II

CONSIDÉRATIONS PRÉLIMINAIRES

Les documents ne manquent pas pour éclairer ou pour embrouiller la question que je me suis posée. La multiplicité des renseignements contradictoires est telle que j'aurais certainement renoncé à y chercher ma voie, si le sujet n'était pas digne du plus haut intérêt, si je n'avais subi, pour l'exercice du cheval, cette attraction puissante à laquelle se laissent aller un si grand nombre de personnes dans les régions où le cheval est beau et bon, et où j'ai fait un long séjour, et si je n'avais eu surtout, pour me guider, les travaux des hommes de science. Ce n'est pas au creuset des chimistes éminents que j'ai demandé aujourd'hui de m'instruire, ainsi que je l'ai déjà fait pour trouver mon chemin dans la culture intensive des céréales (1) sur les terrains pauvres d'origine granitique ; je me

---

(1) Voir ma brochure intitulée : *L'Agriculture est-elle une science ?* insérée au nº 44 du journal de l'*Agriculture progressive*, Paris, 18, rue Dauphine ; insérée aussi dans l'*Opinion* et l'*Union vinicole* des Charentes en Novembre 1879 et plusieurs autres.

suis adressé à la science du physiologiste et je dédie ce travail à ceux qui ont été mes principaux guides, à M. de Quatrefages, qui existera toujours, et à l'ombre de Claude Bernard, qui a conquis une gloire immortelle.

Je ne dois pas oublier non plus l'aide que j'ai puisée chez MM. Eugène Gayot et André Sanson. Je demande toutefois la permission d'ajouter que j'ai eu recours surtout à la science pure, à la science de ces hommes qui savent s'abîmer en quelque sorte dans la profondeur des recherches par lesquelles l'homme parvient à sonder, à de rares intervalles, une partie des secrets de la Providence, secrets qu'elle laisse échapper de temps à autre, comme pour récompenser, par la joie immense de la découverte, les rudes labeurs de ces puissants athlètes de la pensée qui pénètrent des problèmes dont l'approche nous semblait inaccessible la veille et dont le lendemain, grâce à leur génie, nous voyons la limpide clarté. Il n'y a que leurs travaux qui puissent jeter un pont sur l'abîme qui sépare ces deux grands chefs d'écoles adverses, MM. Gayot et Sanson, que j'ai eu déjà l'honneur de nommer, et que l'on considère comme les deux étoiles principales du monde hippique en même temps que de l'art vétérinaire auquel Bourgelat a légué son illustration.

Avant d'entrer en matière, je demande la per

mission de poser quelques définitions admises et aussi quelques faits acquis à l'observation.

Les zoologistes disent : *l'espèce chevaline*, pour exprimer l'universalité des chevaux de tous pays. Ainsi, le gros cheval de l'Artois et le cheval minuscule de la Corse appartiennent à une seule et même espèce.

Dans l'espèce chevaline, il y a de nombreuses variétés. Lorsqu'une variété se reproduit par elle-même avec des caractères constants, sous la réserve des accidents tératologiques et des cas d'atavisme, cette variété est alors désignée sous le nom de race.

Le langage ordinaire est conforme en cela avec le langage scientifique. On dit l'espèce chevaline, les races chevalines.

L'observation a montré que les variétés confirmées ou races de l'espèce chevaline étaient dues à la différence des milieux où elles vivent. « Le milieu » tel que le définit M. de Quatrefages « comprend l'ensemble de toutes les con- « ditions sous l'empire desquelles l'animal se « constitue, grandit à l'état de germe, d'embryon, « de poulain et d'adulte. » Le même auteur dit aussi : « Quiconque s'est quelque peu occupé « d'embryogénie comprendra sans peine que les « actions du milieu aient surtout prise sur les « organisations en voie de formation et d'évo- « lution » ..... « Pour élever la taille de nos

« petits chevaux de la race camargue, il suffit « de retirer la mère pendant la gestation du « milieu de sa vie sauvage » ..... « Cependant, « leur influence sur un animal, même adulte, « est tout aussi marquée. Nos moutons trans- « portés dans la Méta et abandonnés à eux- « mêmes n'y conservent pas leur toison qui est « remplacée par un poil court, raide et lui- « sant. » (1)

Je citerai, comme exemple de l'influence du milieu, le fait qui est le plus en évidence et le plus contemporain : c'est la race arabe pur sang qui, transportée en Angleterre il y a moins de deux siècles, y a fondé, avec le cours des générations et l'influence du milieu, la race Anglaise pur sang qui jette un si grand éclat sur les hippodromes modernes.

Le cheval pur sang Anglais ne ressemble plus au pur sang Arabe: il est plus grand, la raideur a remplacé la grâce et la souplesse; un caractère irascible à l'excès s'est substitué à la douceur et à la docilité. L'Anglais et l'Arabe constituent donc bien aujourd'hui deux races distinctes quoique dérivant de la même origine, et leur différence n'est due qu'à l'influence du milieu.

De ce que le milieu a une si grande influence sur la conformation du cheval, on peut conclure

(1) De Quatrefages, 1877, *l'espèce humaine.*

que toutes les provinces de la France, qui n'avaient pas naguère des races de chevaux remarquées et connues, ne présentent pas des milieux parfaitement adaptés à une belle production chevaline.

Je vais en ce moment élaguer tous les départements qui sont englobés dans ces anciennes provinces.

Comment ferons-nous pour élever la production chevaline à son plus haut degré de perfection locale dans les provinces réputées bonnes quant à leur milieu ? Nous avons des exemples :

La plus magnifique race du monde, la race Arabe, se reproduit intacte par la sélection en dedans (1). L'une des meilleures races françaises, la race Percheronne, se reproduit aussi par la sélection en dedans. Il en est de même de la race Boulonnaise. Dans ces trois contrées, on ne veut admettre aucune goutte de sang étranger. Puisqu'on réussit, c'est la vraie méthode à suivre. Par conséquent, pour retrouver notre vieille race Limousine et une autre vieille race

---

(1) Sélection *en dedans* ou *in and in* se dit ici des accouplements opérés en prenant le père et la mère chez une seule race et en son milieu, soit dans la même famille, soit dans des familles différentes de cette race. Après deux ou trois générations, on considère une famille comme disjointe.

J'appelle croisement l'accouplement qui a lieu en prenant le père dans une race et la mère dans une autre. On emploie aussi le mot métissage.

également réputée, la race de la Navarre, il suffira de s'y conformer. On dit que l'apport du sang Anglais les a détériorées : c'est possible; mais ce qui est certain, c'est que la race a une tendance permanente à se reformer, à se refaire dans son milieu. Il ne faudra donc pas un grand nombre de générations obtenues par une sélection intelligente et suivie pour refaire les races du Limousin et de la Navarre, qui ne sont que dévoyées et non anéanties.

Ce que je viens de dire de la Navarre et du Limousin s'applique à toutes les régions qui possèdent ou ont possédé des races méritantes avant leur métissage.

Je vois venir une grosse objection; on me dira : il faut donc encore détruire l'Administration des Haras ! Ce n'est pas mon avis. Elle n'aura jamais été plus nécessaire.

La sélection, pour produire ses résultats aussi rapidement que possible, a besoin d'être dirigée par une grande intelligence et une étude profonde de la zoogénie. Nous trouverons ces qualités dans nos officiers des haras bien dirigés. La connaissance de la sélection est, dit-on, répandue en Angleterre; je ne crains pas d'être démenti en disant qu'elle l'est beaucoup moins chez nous, et que la présence dans chaque milieu de quelques hommes éclairés sera longtemps encore nécessaire pour diriger nos éleveurs ruraux.

Seulement, MM. les officiers des Haras, au lieu d'acheter et de distribuer dans toutes les provinces des étalons Anglo-Normands, rechercheraient et trouveraient, à coup sûr, dans chaque région, les reproducteurs d'élite du cru, achèteraient les uns, donneraient des encouragements aux autres, continueraient d'organiser des concours et rendraient au ministre compétent un compte fréquent de leurs opérations. Par la science, le désintéressement dont ils ne manqueraient pas de faire preuve, ils acquerraient rapidement la confiance dans les campagnes, où leur bonne direction serait peu à peu et de plus en plus appréciée et suivie.

L'une des erreurs commises a été de détruire à plusieurs reprises l'Administration des Haras, quand on n'était pas satisfait de ses œuvres. Ce qu'il fallait, c'était non pas la détruire, mais la mieux diriger.

Quand on détruit pour refaire, disait Metternich (l'ancien), on ne commet pas les erreurs déjà commises sans doute, mais on en commet d'autres; il vaut mieux garder ce qu'on a et le corriger au point précis où il laisse à désirer.

Donc, chez nous, où l'amour, la connaissance du cheval sont relativement modernes et n'ont pas encore eu le temps de prendre racine, de passer dans nos mœurs et nos connaissances usuelles, il nous faut garder nos officiers des haras, et il nous les faut dévoués et capables, afin de suivre nos opérations rurales sur l'élève du cheval. Ils continueraient de résider dans les hôtels qu'ils occupent et y rassembleraient les bons chevaux de sélection dont j'ai parlé plus haut. Ils les distribueraient, comme ils le font aujourd'hui, dans les stations dépourvues de reproducteurs et, au lieu d'en placer, à titre de concurrence au rabais, dans les stations pourvues par l'industrie privée, ils se retireraient toujours devant elle, quand elle opérerait sagement. Dans aucun cas, ils ne prendraient par chaque saillie un prix inférieur à celui que l'industrie demanderait à juste titre et dans une sage limite.

CHAPITRE III

DE L'INSTRUCTION SPÉCIALE & CRITERIUM

Il n'entre pas dans mon sujet d'indiquer le programme de l'instruction de MM. les Officiers des Haras. C'est un point qui vient d'être réglé par un arrêté ministériel du 9 juillet 1879, sur lequel j'ai quelques observations simples à présenter au sujet de la valeur des coefficients des examens de sortie.

L'équitation et le dressage, qui sont l'apanage surtout des officiers de cavalerie instructeurs, ont pour coefficient le nombre 4; l'anatomie et la physiologie, qui forment la base essentielle de l'instruction du *Créateur*, c'est-à-dire de l'officier des haras, est cotée 3. C'est l'inverse qui devrait avoir lieu, et comme l'anatomie et la physiologie sont de beaucoup le point essentiel pour les hommes qui dirigent l'œuvre de la création, je voudrais qu'on leur affectât le coefficient 5.

La langue anglaise, celle du pays où se font les chevaux de course, est cotée 4; la langue allemande, celle du pays où se font les chevaux de service, est cotée 3. C'est encore l'inverse qui serait préférable. De plus, celui qui parle français et allemand sait de fait la langue anglaise, qui est presque toute formée de mots allemands et français. Celui qui sait parler anglais et français a encore beaucoup à faire pour apprendre l'allemand. Sur ce sujet, l'examen d'entrée devrait recevoir aussi une modification.

M. André Sanson dit quelque part, dans son traité de zootechnie, qu'il y a des officiers de remonte qui n'ont reçu aucune instruction spéciale et qui sont parfaitement aptes à reconnaître un beau et bon cheval. Ceci me rappelle qu'à l'occasion de la guerre de 1870 et de l'insuffisance qui s'y trouva constatée de l'institution de l'état-major en France, il a été dit et écrit qu'en Prusse on recrutait les officiers de cette arme dans toutes les parties de l'armée allemande, en s'attachant surtout à l'aptitude particulière dont les jeunes officiers faisaient preuve. Il a été affirmé que cette manière de procéder avait donné d'excellents officiers d'état-major.

Je pense que, pour recruter l'école des haras, on ferait bien d'agir de même et d'y faire entrer les officiers qui ont fait preuve, dans leurs corps respectifs, de l'aptitude spéciale dont j'ai parlé plus haut et de se montrer, pour ces mêmes officiers, coulant sur l'âge et l'absence de quelques autres éléments du programme de l'examen d'entrée, beaucoup moins indispensables dans la pratique que le sens du vrai et du beau, sens qui ne s'acquiert pas toujours et qui est cependant l'une des qualités essentielles d'un officier des haras qui sera chargé de surveiller la méthode de sélection.

Sauf ces remarques qui me semblent essentielles, le programme, s'il est bien rempli, si surtout l'anatomie et la physiologie qui renferment le secret de la vie des animaux de l'ordre supérieur, — dans la mesure où ce secret a été pénétré par les hommes, — sont bien étudiées et bien comprises, nous aurons de bons chefs de haras.

Ce qui fait le cheval, disent quelques écrivains, c'est uniquement le germe. La nourriture a sans doute une part d'influence, concède-t-on quelquefois; mais la dominante, c'est le germe. Il s'agit ici, bien évidemment, du germe déposé ou fécondé dans le vitellus (1).

Je demande la permission, non de discuter, mais de déterminer en quelque sorte cette assertion.

Le germe donne à coup sûr l'espèce. Ainsi, un germe cheval ne donnera pas un solipède autre que le cheval. Il ne donnera ni un zèbre, ni un hémione, ni un âne ; il donnera un cheval. Tout homme reconnaîtra ce cheval, qu'il ait la taille d'un Normand, la corpulence d'un Boulonais, ou l'exiguité d'un Landais.

Le germe du cheval donnera toujours un cheval; sa puissance ne va pas plus loin. Cependant, lorsqu'une race est bien confirmée dans son milieu, le germe donnera aussi la race (sauf les cas d'atavisme), pourvu qu'on ne sorte pas du même milieu ou d'un milieu analogue. Autrement, la race ne se maintient pas par le germe.

Je dis cela avec l'autorité de l'expérience, parce que la variété Arabe transportée en Angleterre n'y a pas pu se maintenir race Arabe; elle est devenue la race Anglaise. Que celle-ci soit inférieure, ou égale, ou supérieure, elle n'est plus la race Arabe.

---

(1) Vitellus : c'est la partie fondamentale de l'ovule des animaux. On dit aussi : l'ovaire. (Voir le dictionnaire Littré et Robin, 1865, p. 1649.)

Le germe a été cependant celui du cheval Arabe. C'est que si « le germe est l'agent d'or-« ganisation et de nutrition par excellence, en « attirant autour de lui la matière cosmique et « en l'organisant pour constituer l'être nouveau, « il ne peut toutefois manifester sa puissance « qu'en..... s'entourant des matériaux nutritifs « élaborés qu'on appelle le *vitellus.* » (1) On voit apparaître ici dès l'origine, dans le vitellus, l'action des matériaux nutritifs. « La cellule, œuf, « ainsi constituée par le germe et le vitellus, « développe l'organisme nouveau en se segmen-« tant et se divisant à l'infini en une quantité « innombrable de cellules pourvues elles-mêmes « d'un germe de nutrition. »

Ainsi, outre le germe primitif dont il a été parlé plus haut et qui est l'agent de création par excellence au moyen de la matière cosmique, il y a une infinité de germes secondaires — qui sont des agents de nutrition — pour développer l'organisme nouveau, ce que l'auteur répète en disant : (2) « La synthèse « organisatrice possède un agent spécial, le « germe proprement dit, ou les noyaux de cel-« lules, germes secondaires, qui en sont des

(1) Claude Bernard. — La Science expérimentale — 1878 — pages 192 et suivantes. — Je ne cite pas complètement pour abréger, mais je n'altère pas le sens du texte.

(2) Page 195, loc. cit.

« émanations et qui se trouvent répandues dans « toutes les parties élémentaires du corps vi- « vant..... » Elles sont les agents de « l'assi- « milation organique. »

Il y a donc, je me répète à dessein, indépendamment du germe primitif, lequel attire la matière cosmique et l'organise pour constituer l'être nouveau, des germes secondaires qui sont les agents de l'assimilation organique, c'est-à-dire de l'assimilation des aliments. Ces germes secondaires ont été formés eux-mêmes au moyen de la matière organique contenue dans le vitellus créé déjà lui-même par la nutrition.

Comment nier, dès lors, l'influence du milieu sur le développement ultérieur de l'être nouveau?

Le germe proprement dit a donné l'espèce que tout homme reconnaît; les germes secondaires la développent plus ou moins dans son ensemble et dans chacune de ses parties; et c'est bien cela, sans doute, qui a fait dire à M. de Quatrefages: « Quiconque s'est occupé « quelque peu d'embryogénie comprendra sans « peine que les actions du milieu aient surtout « prise sur les organisations en voie de forma- « tion et d'évolution. » Ce qui fait dire enfin à Claude Bernard: « Quand on veut modifier les « actions vitales, c'est dans leur évolution cachée « qu'il faut les atteindre; quand le phénomène « éclate, il est trop tard. Ici, comme partout,

« rien n'arrive par un brusque hasard ; les évé-
« nements les plus soudains en apparence ont
« leurs causes latentes. »

N'est-ce pas livrer la production chevaline au brusque hasard, auquel il est fait allusion ici par Claude Bernard, que d'associer une jument de moyenne ou petite taille, nourrie de fourrages secondaires inhérents au milieu habité par cette cavale, avec des étalons de haute taille — les Anglo-Normands — nourris de fourrages de premier ordre jusqu'à l'âge adulte, nourris ensuite de fourrages secondaires dans l'âge de la monte, et provenant eux-mêmes du croisement de deux races, dont l'une a grandi dans de gras et frais pâturages, et dont l'autre a vécu surtout d'avoine, mets de haute saveur et doué d'une essence aromatique qui a une action puissante sur le système nerveux ?

Livrer la production à un pareil mélange d'influences qui s'exercent sur le germe primitif par les matériaux d'alimentation assemblés dans le vitellus et sur les germes secondaires par la nourriture journalière, n'est-ce pas livrer la production au hasard ?

Ceci me rappelle une anecdote qui m'a été racontée et que je demande la permission de rapporter ici. Un artiste peintre avait à rendre sur son tableau un effet d'écume. Il s'agissait — je le crois sans rien garantir sur ce détail —

d'un cheval de course ou de bataille, poussé jusqu'au paroxysme de l'agitation, de la fatigue et d'une lutte extrême. Son œil était en feu et comme sanglant, son écume était sanguinolente aussi. Pour rendre cet effet, le peintre avait essayé successivement, sans réussir, diverses combinaisons de couleurs et les avait successivement essuyées sur son éponge pour en employer d'autres encore. Fatigué de ses tentatives inutiles, irrité, il lança l'éponge avec colère contre son tableau, et l'effet cherché se trouva produit. C'était bien là un hasard ; car il est évident que si l'éponge eût porté contre le tableau par une autre de ses faces, l'impression produite n'aurait pas été la même.

Ce mélange de couleurs me semble donner une idée assez fidèle de cet autre mélange, que je viens de mentionner, de chevaux de sang, de demi-sang et communs, d'origines diverses et de milieux divers. Le hasard en fait sortir quelquefois des résultats remarquables, et M. André Sanson nous raconte quelque part que les Anglais possèdent au plus haut degré une intuition, une pénétration qui les rend quelquefois directeurs du hasard ; que pourtant ils ne réussissent qu'une fois sur quatre, et que le cheval réussi, employé comme étalon, ne reproduit pas son type. C'est ainsi que nous avons connu, à la station de La Chapelle ou de Marcillac, un beau cheval demi-sang nommé Franconi, qui donnait des produits médiocres. Franconi était le père du poulain né chez moi et dont j'ai parlé au chapitre 1er.

Une méthode qui réussit une fois sur quatre, ajoute M. André Sanson, n'est pas admissible pour la production économique du cheval de service ou du cheval de guerre.

Dans les indications que j'ai voulu donner ici, il est temps que je m'arrête ; car je veux rester dans les limites de la science pure. Je n'ai parlé que d'après les savants qui ont porté à son plus haut degré la zoogénie. Je l'ai fait dans le but d'indiquer le point précis où des instructions suffisantes avaient manqué à nos excellents officiers des haras. Ma pensée principale a été surtout de dire aux hommes de la science profonde :

Vous nous avez rendu d'immenses services en agriculture proprement dite. Par vos travaux en chimie, vous nous avez ouvert la voie pour doubler et même tripler nos récoltes, et la pratique a vérifié vos théories. Un point reste obscur et contesté entre nous et n'est pas encore précisé théoriquement ; c'est l'élévation du niveau général de la production hippique. Ici, je le répète, je ne m'adresse plus aux chimistes, mais aux physiologistes, et je leur dis : indiquez-nous la vérité.

Est-ce la sélection *in and in* dans chaque variété ou race, en son milieu, comme le font les uns avec succès dans certaines espèces? Est-ce le croisement des races ou variétés livré au tact personnel *de visu*, comme le font d'autres aujourd'hui dans l'espèce chevaline? Est-ce autre chose encore?

La sélection dans chaque race, en son milieu, préconisée par Darwin, doit-elle être acceptée? Le praticien Bakewel qui l'a appliquée sur les moutons Leicester et en a fait, par voie de sélection, les moutons Dishley réputés en Europe, se serait-il trompé? Sa réputation serait-elle usurpée? Le cheval Arabe, ce roi de l'espèce, maintenu par la sélection *in and in*, serait-il seulement un rêve oriental ou bien est-il une vérité? La race du Perche, maintenue de la même manière, ne serait-elle qu'un mythe, et le cheval de l'Artois, qu'on soustrait à tout genre de métissage, n'a-t-il pas la puissance d'une réalité palpable?

Richard Goord, qui a fait, par la même méthode, la race célèbre du mouton de New-Kant, a-t-il dévié? Niera-t-on qu'il ait laissé en mourant la réputation d'un éleveur de premier ordre?

On m'objectera peut-être les succès obtenus dans la race bovine par le croisement du Durham avec des races diverses et dans des milieux divers. Ne confondons pas. Il s'agit ici, non pas d'élever le niveau des races et de les faire plus énergiques et plus aptes au travail, ce qui est une nécessité de premier ordre pour le cheval, mais d'obtenir des animaux plus aptes à l'engraissement, c'est-à-dire plus lymphatiques, et par conséquent plus ou moins dégénérés ; car la prédominance de la lymphe est bien un signe de dégénérescence. Les tempéraments lymphatique et sanguin sont les antipodes de la valeur énergique des races, et la dégénérescence, avec ou sans métissage, serait chose assez ordinaire, si, dans l'état sauvage, la sélection naturelle due à la lutte des mâles, si, dans l'état civilisé, la sélection intelligente des hommes, ne tendaient à maintenir l'énergie des races et même à en élever le niveau.

Il n'est donc pas étonnant que la race Durham, faite plus spécialement en vue de la boucherie dans les pays du Nord, où la graisse est ce que l'homme recherche le plus dans son alimentation, où l'animal, qui s'engraisse vite et bien, donne l'aliment par excellence ; il n'est pas surprenant, dis-je, que le bœuf Durham lègue sa qualité à sa descendance. Là, l'homme fait une sélection, non pas en vue de relever l'énergie de la race, mais en vue, au contraire, de l'abaisser ; parce que de cet abaissement résulte un tempérament mou, un animal tranquille, apte par conséquent à s'engraisser vite et à fournir la nourriture la plus appropriée aux populations septentrionales. Mais cette qualité est l'opposée de celle que nous cherchons dans le cheval. Pour avoir la première, il suffit de descendre (1); pour avoir la seconde, il faut au contraire s'élever, ce qui est plus difficile.

Je viens d'écrire plusieurs fois les mots *sélection* et *lutte pour l'existence*, employés par Darwin. A ce sujet, M. de Quatrefages, qui peut être considéré comme le chef de l'école anti-darwiniste, dit, page 68 : « Il y a des points parfaitement inattaquables dans le Darwinisme. « En premier lieu, je citerai ce qu'il dit de la « lutte pour l'existence et de la sélection qui en « résulte..... »

Quelques personnes seront peut-être disposées à trouver étrange que je parle du bœuf et du mouton à propos du cheval. Cet usage est admis dans les études sur les espèces. M. de Quatrefages s'en est servi dans son beau livre sur l'*espèce humaine*, par la raison, bien expliquée chez lui, que les animaux en général, et les mammifères en particulier, présentent leurs phénomènes organiques et physiologiques d'une

(1) Le mot descendre s'applique ici à l'énergie et non à la valeur vénale qui monte chez le bœuf avec le poids de la graisse, poids qui, lui-même, est un adjuvant pour la traction de la charrue, sans être un facteur de l'énergie.

façon identique, (1) et qu'il est permis de faire *in anima vili* des recherches que l'on ne peut faire sur son semblable.

Je reconnais que nos savants peuvent être mal disposés à s'occuper du cheval. Ils n'y sont pas encouragés par le dédain que possède assez souvent le sportman pour tout homme qui ne sait pas monter un cheval et le guider dans la carrière. Cet exercice, qui est violent et qui a ses dangers, rend celui qui le possède peu disposé au respect de l'homme d'études paisibles, qu'il traiterait volontiers de pékin. Cependant, il est hors de doute que les phénomènes organiques et physiologiques, et surtout la partie de ces phénomènes qui se rapporte à la reproduction, n'a rien de commun avec l'art, soit de parcourir à fond de train le cycle d'un hippodrome et de franchir des obstacles, soit d'évoluer habilement dans un manége ou sur un champ de manœuvre, et je crois que, parmi ces cavaliers si justement fiers de leur habileté et de leur énergie, il y en a plus d'un qui serait reconnaissant aux physiologistes de lui livrer cette portion du secret de la vie animale qui lui permettrait de cultiver sur ses vieux ans, alors que la forêt lui paraît trop vaste et que les obstacles à franchir lui paraissent trop élevés, de cultiver, dis-je, la production chevaline avec succès et

(1) De Quatrefages — 1877 — chap. 1er.

de créer des animaux de l'espèce qui a été l'une de ses plus vives passions, succès qu'ils obtiennent déjà dans la création des chevaux de course pur sang où ils se gardent bien d'introduire le moindre mélange étranger, donnant ainsi déjà, sans y prendre garde, raison aux antagonistes du métissage.

Quant à l'agriculteur, il aime à créer : c'est sa vie, et la création zootechnique la plus difficile à obtenir, est certainement celle de faire engendrer, d'élever, de dresser, de former enfin le plus bel ornement de son écurie, le plus courageux compagnon de ses travaux et de ses dangers : un parfait cheval.

En attendant que la lumière nous soit définitivement donnée par ceux dont j'ai invoqué le secours, s'il m'était permis d'avoir et d'exprimer une opinion, je dirais qu'en chaque contrée on doit améliorer le cheval du cru par voie de sélection attentive *in and in*. Contre ce procédé, on argue de sa lenteur. Le procédé actuel du gouvernement est bien plus lent, puisque, depuis plusieurs siècles qu'il existe, il n'a pas encore donné de résultats satisfaisants. En tout cas, le procédé de la sélection en dedans, s'il a quelque lenteur, est du moins sûr et conforme aux lois naturelles, à la science humaine et aux principaux succès acquis.

La race locale, quelle qu'elle soit, une fois

amenée à son degré de perfection possible, on aurait chez soi de bons chevaux de service, et les personnes qui trouveraient que les produits locaux ne sont pas en rapport avec les exigences de certains travaux ou de leur luxe, seraient des clients de l'importation, comme cela a déjà lieu aujourd'hui, des sujets de races étrangères plus appropriés à leurs goûts ou à leurs besoins. Quant à faire naître de pareils chevaux partout, il résulte de ce qui précède qu'on n'y parviendrait pas.

Lorsque les cavales du cru seraient quelque peu corrigées dans leurs formes par la sélection, il serait alors possible aux propriétaires, assez indépendants par leur fortune pour s'accommoder des succès partiels dont il a été parlé plus haut, d'acheter les meilleures pouliches de 3 ou 4 ans et d'essayer à introduire le pur sang en tâchant d'acquérir l'aptitude de nos confrères d'Angleterre, et d'imiter leurs riches cultures.

CHAPITRE IV

LE SANG

Parmi les chevaux que j'ai achetés pour les élever dans ma propriété, il s'en trouva un de trois ans, d'origine Bretonne commune. Il était quelque peu dormeur, buttait souvent, de sorte que je ne le confiais au domestique, pour l'atteler au tilbury et faire ses commissions à la ville, qu'en lui disant : « Prenez garde, il ne « tient pas sur ses jambes de devant. » Il était d'ailleurs franc du collier.

Après un an de service, sa situation ne s'améliorait pas, et il fut convenu qu'on lui donnerait du sang, ce qui veut dire, dans notre langage rural, qu'on lui donnerait de l'avoine, non plus seulement aux jours de travail, selon le mode ordinaire d'élevage dans nos campagnes, mais aussi dans ses rations journalières. Après deux ans de ce régime, à l'âge de six ans, le cheval avait l'œil en feu, portait la tête haute, trottait bellement et avait le pied sûr. Il était presque brillant : il avait du sang. Il en résulte qu'on dit, dans une certaine école, le sang, c'est l'avoine. Je réponds : ce n'est pas seulement et précisément l'avoine, et je le prouve.

J'ai eu plusieurs fois l'occasion de monter dans leur pays, des chevaux des Pyrénées. Frappé de leur excellente qualité sans la susceptibilité nerveuse qu'on attribue à l'avoine, je demandai quel était leur régime. On me répondit : du foin à l'ordinaire ; une ration d'avoine quand ils travaillent. Ces chevaux ne mangeaient d'avoine que les jours de travail, comme les nôtres. J'examinai le foin de leurs montagnes ; il est fin, court et de la plus haute qualité. J'eus la présomption qu'il valait au moins de l'avoine, et en me reportant au tableau de la composition des foins par Wolf, j'ai trouvé que le foin d'excellente qualité contient 13,5 pour cent de protéine brute, tandis que l'avoine n'en contient que 12. Le foin donne par l'incinération 7,7 pour cent de sels terreux et l'avoine n'en donne que 2 pour cent. Ici, l'avoine est surtout inférieure au foin qui contient quatre fois plus de cendres qu'elle; et l'on sait que c'est dans les cendres que se trouve le phosphate de chaux, ce principe essentiel de la construction osseuse, musculaire et tendineuse des mammifères.

La haute qualité du foin des montagnes des Pyrénées, ainsi sans doute que du Limousin, renommé naguère pour ses chevaux, trouve une explication naturelle: 1° En ce qui concerne l'acide phosphorique, — dans le fait que les terres y ont été soumises fréquemment, à l'époque de leur formation, à des éruptions et à des pluies de cendres volcaniques; 2° en ce qui concerne la protéine, — à la fréquence de l'état électrique des pays de montagnes, qui détermine, ainsi que l'a montré M. Berthelot, une assimilation de l'azote avec les plantes.

On comprend, dès lors, que ce foin puisse suffire dans les Pyrénées à l'élevage de chevaux aussi énergiques que ceux qu'on élève ailleurs avec du foin moyen additionné de beaucoup d'avoine à l'ordinaire, sans leur donner pourtant l'irritabilité nerveuse de ces derniers, laquelle est due à une huile essentielle, à un arôme particulier de l'avoine, et est tellement portée à l'excès dans les chevaux dits de pur sang qu'elle les rend souvent incommodes dans le service et quelquefois dangereux.

Ce jeune cheval, auquel j'avais donné du sang par l'avoine, emportait quelquefois sa charrue au galop et arrivait à fond de train jusqu'à son écurie. Il était devenu, lui aussi, très irritable et trop souvent incommode.

Je conclus de là que si l'on peut faire de beaux et bons chevaux avec du foin de bonne qualité courante ne contenant que 6,2 pour cent de cendres et 9,7 de protéine, aidé du concours de beaucoup d'avoine, on peut en faire aussi avec du foin de haute qualité contenant 7,7 pour cent de cendres et 13,5 pour cent de protéine en y annexant seulement les simples rations d'avoine usitées partout aux jours de travail, et cette conclusion est essentielle, comme on le verra un peu plus loin.

Une autre conclusion à déduire de ce qui précède, c'est que l'avoine ne peut pas être, comme nourriture dominante, la créatrice des bons et beaux chevaux, par la raison déjà énoncée qu'elle ne contient pas une quantité suffisante de phosphate de chaux. Elle est surtout un bon complément, parce qu'elle est le seul fourrage qui, sous notre latitude, ait la vertu de surélever l'énergie du système nerveux si on l'emploie avec mesure. Elle a aussi celle de créer, quand on l'emploie avec excès, l'irritabilité nerveuse qui rend les animaux incommodes dans le service.

Il était d'autant plus essentiel de mettre en relief que l'avoine, largement donnée, n'a pas à elle seule le privilége de créer de bons et beaux chevaux, comme l'ont énoncé quelques hippologues, que, si leur opinion était admise, les cultivateurs devraient renoncer à faire des chevaux d'armes et de service, parce que l'avoine libéralement donnée ne coûte pas, à elle seule, moins de 450 fr. par an et par tête de cheval. Une pareille dépense, ajoutée à toutes les autres, est incompatible avec l'économie rurale. On ne pourrait se rembourser de l'avoine libéralement donnée aux élèves qu'en les faisant travailler beaucoup, et personne n'ignore que des poulains, qui sont naturellement portés par leur âge à donner dans le collier avec ardeur, feraient de plus grands efforts encore s'ils étaient surexcités par des rations copieuses d'avoine et se tareraient trop souvent.

L'exercice dans le collier est-il une cause de dépréciation pour le cheval destiné à porter un cavalier? Abd-el-Kader fit au général Daumas, qui lui posait cette question, la réponse suivante, dont je reproduis seulement le sens :

Deux Arabes ennemis se rencontrèrent le matin au lever du soleil : le plus faible, comptant sur la vitesse de son cheval, prit la fuite ; le second le poursuivit... On allait vite ; les vallées succédaient aux vallées, les collines suivaient les collines, et les rares palmiers du désert étaient passés en revue avec une rapidité vertigineuse..... Le soleil avait dépassé le milieu de sa course ; la distance qui séparait les deux ennemis ne diminuait pas ; le second désespérait de rejoindre le premier, lorsqu'avant de quitter la partie, il eut une inspiration subite et lui lança à travers l'espace l'interrogation suivante : — Ton cheval a-t-il été dans le collier ?... — Il a labouré une fois !... — Eh bien ! je t'aurai rejoint avant la fin du jour !

Ainsi, dans la croyance arabe, le cheval de labour ne vaut pas, pour le service d'un cavalier, le cheval dressé uniquement à la main. Pourtant, s'il faut à celui-ci une journée entière pour atteindre celui-là, l'un et l'autre sont bien près de se valoir, et c'est sans grand dommage pour notre cavalerie que ses chevaux continueront d'être élevés par les laboureurs. Dans les pays d'une civilisation avancée, où la terre est généralement couverte de cultures, le cheval du laboureur sera toujours le cheval du soldat.

CHAPITRE V

LES CHEVAUX EXCEPTIONNELS

Deux gentlemen (1) en promenade chevauchent côte à côte. La conversation s'engage sur les mérites des deux chevaux ; elle s'échauffe ensuite ; la route est belle, les accotements légèrement poudreux et bien dressés, une vraie piste. On parie mille francs à qui arrivera le premier au hameau prochain situé à quelque distance.

Le soir, on se rencontre dans le monde avec des connaissances et des amis. On fait le récit de la lutte, de ses incidents ; un projet de course s'engage : on fait une poule à 500 fr., c'est, pour 10 gentlemen engagés, un prix de cinq mille francs. Les témoins de la lutte connaissent les chevaux et engagent des paris.

Il n'y a rien d'immoral dans de pareils jeux, dans des paris de cette espèce, et comme l'épisode que je viens de raconter est, dans de petites proportions, l'image des courses et de

(1) Gentle-man (au pluriel Gentlemen), mot à mot Gentil-homme, veut dire : homme ayant de l'éducation, de l'instruction et une situation indépendante. Un enfant qui part de chez lui en sabots peut devenir un Gentleman. On ne peut devenir Gentilhomme que par la grâce du roi ou de l'empereur.

leurs paris, je ne vois rien à critiquer dans l'institution des courses et rien d'immoral dans les paris concomitants.

Les courses sont les jeux olympiques de l'ère moderne. Ce sont de grands spectacles qui méritent, aussi bien que les autres, des encouragements, des subventions, et non pas le blâme qu'on leur inflige quelquefois à cause du jeu qui les accompagne et dont l'excès tient, non pas à l'institution, mais au caractère de quelques-unes des personnes qui s'y livrent et qui s'y livreraient en toute autre circonstance ; elles jouent pour jouer, et non parce qu'il y a des courses de chevaux.

Je ne vois aucun inconvénient, au point de vue de l'élève du cheval, à ce qu'il y ait des courses et à ce qu'on élève une race de chevaux d'une façon spéciale, pour un objet déterminé consistant à faire un kilomètre en une ou deux minutes ; seulement, je trouve contraire aux principes de la zoogénie qu'on donne ces chevaux pour pères à d'autres chevaux destinés à être présentés sur le marché public.

Est-il utile de dire que les 3 millions de chevaux qui forment la population chevaline de la France ne peuvent, pour le plus grand nombre du moins, être produits que par la moyenne et la petite culture, et que celles-ci ne peuvent se livrer à cette production qu'autant que leurs élèves trouvent sur le marché un placement sûr et rémunérateur ?

Est-il utile d'ajouter qu'il n'y a aucun inconvénient à ce que les grands propriétaires et les hommes riches élèvent soit des chevaux de course, soit des chevaux dérivant par voie de demi-sang de cette origine ? Pourquoi les empêcherait-on, d'une part, de briguer la fortune des jeux olympiques modernes? Pourquoi, d'autre part, les empêcherait-on de rechercher les produits d'un métissage qui est le plus souvent malheureux, il est vrai, et qui donne pourtant quelquefois des chevaux réussis. Dans ces cas de réussite, ce sont de magnifiques sujets d'attelage, ou des trotteurs du plus grand mérite, ou des chevaux de chasse de premier ordre, disposés, cependant, à se tarer de bonne heure.

Je vais citer à ce sujet ce qui m'est arrivé personnellement. On ne doit pas parler de soi pour vanter ses prouesses ; mais l'expérimentateur doit parler de préférence des choses qui lui sont advenues, parce qu'il peut les affirmer avec sûreté. J'ai eu un de ces chevaux, parmi ceux qui ont successivement passé entre mes mains pour mon service personnel. J'ajoute un seul, car ils sont plus rares, je le crois, que ne le suppose M. André Sanson, en comptant qu'il en naît un sur quatre ; je dirais plutôt un sur dix. Je n'ai jamais été mieux monté :

ardeur, solidité, régularité parfaite de construction; rien ne lui manquait. Il pouvait faire, attelé à un tilbury léger, les courses les plus longues sans broncher. Son trot était rapide. — Voici maintenant le revers de la médaille. A la suite de ces longues courses, il était assez souvent boiteux. Ses jambes enflaient. Monté, son trot rapide était parfois saccadé, et il fallait une certaine habitude du cheval pour n'en être pas ébranlé. Il avait une toux chronique. Sa constitution matérielle n'était pas à l'avenant de cette irritabilité nerveuse qui le rendait infatigable en apparence. Au demeurant service intermittent et cependant si parfaitement agréable et brillant, que, pour un gentleman riche, un pareil cheval n'est jamais payé trop cher. Ces charmants chevaux sont bien souvent ainsi, et comme ils sont incapables d'un travail suivi, on est obligé, malgré le plaisir qu'on en retire quelquefois, de les livrer à d'autres mains. Entre celles de mon successeur qui ne pouvait avoir les soins attentifs que j'avais pour ses sabots et sa ferrure, il a été, m'a-t-on dit, hors de service en fort peu de temps.

Dans le cas de non réussite, ils se vendent à vil prix, et celui qui les achète à ce taux y trouve un service rémunérateur, car qu'ils soient ficelles ou difformes, décousus ou boiteux, ils sont énergiques, et, attelés en nombre suffisant, ils traînent les petites voitures publiques ; ils peuvent même servir aux labours des cultivateurs qui, exploitant soit des vignes, soit des terres propres aux céréales et à l'élève des bovidés, des ovidés ou des suidés, ont cependant besoin de quelques chevaux qu'ils usent jusqu'à la corde, et dont ils n'ont pas à faire un objet de commerce, puisque leurs vues spéculatives se portent sur d'autres espèces. Tous ces chevaux manqués ne sont donc pas perdus pour la richesse publique ; ils sont perdus partiellement pour les riches éleveurs auxquels ils ont coûté fort cher et qui les ont cédés à vil prix, et encore il n'est pas impossible que ceux-ci même trouvent une compensation dans la vente des sujets réussis dont j'ai parlé plus haut et qui atteignent des chiffres élevés.

J'ai déjà dit que ceux-ci ne sont jamais payés trop cher, et on le comprendra facilement, si l'on considère que chacun d'eux est le résultat d'un atavisme complexe, parce qu'il a puisé, en quelque sorte, dans chacun des ascendants de races diverses dont il est issu, les principales qualités qui les distinguaient individuellement ; un pareil résultat est évidemment une bonne fortune de premier ordre en même temps qu'un hasard hors ligne : c'est un quine à la loterie.

D'ailleurs, il paraît résulter, des faits constatés à propos de nos dernières guerres, qu'il n'est pas possible aux sujets manqués d'être utilisés dans les services militaires.

Est-ce une raison pour empêcher certains hommes de poursuivre leur rêve de créer une race unique, métisse confirmée, métisse au nord de la France par l'introduction du pur sang Anglais, métisse au sud par celle des chevaux de pur sang Arabe? Laissons à leur propre pratique le soin de leur démontrer qu'il y aura toujours en France autant de races de chevaux qu'il y a de milieux distincts et tranchés. Si les savants dont j'appelle la voix sont de ce dernier avis, le gouvernement sera prévenu qu'il ne peut pas, quand il agit avec l'argent du budget, suivre une pareille voie et qu'en laissant à chaque contrée sa race spéciale tout en la perfectionnant avec soin par voie de sélection *in and in*, il arrivera sûrement à doter le pays de chevaux propres aux divers services de ses troupes, en même temps qu'ils seront éminemment aptes aux services de la culture dans leur première jeunesse et de l'industrie ou du luxe dans leur âge adulte; qu'ils trouveront, par conséquent, un prix rémunérateur sur le marché et qu'à dater de ce moment les cultivateurs en produiront en quantité suffisante, puisque ce sera leur intérêt.

Il ne faudrait pas supposer, d'ailleurs, que de pareils chevaux ne compteront pas parmi eux des sujets exceptionnels, comme on en rencontre dans les demi-sang, comme j'en ai eu quelques-uns moi-même. J'ai vu à Dinan, entre les mains d'un jeune gentleman, qui était venu dans cette ville charmante et d'une exceptionnelle salubrité, pour fuir le choléra qui n'y avait pas trouvé place, une jument bretonne de moyenne taille qui était connue pour avoir fait, à l'âge de 5 ans, une quarantaine de lieues sans s'arrêter et sans prendre d'autre nourriture que les jeunes pousses des arbres et des buissons rencontrés sur sa route. Elle était montée par un contrebandier célèbre contre lequel une poursuite avait été savamment préparée et se trouvait en quelque sorte pourvue de relais. On me montra cette bête avec détail; elle était de moyenne taille, plutôt petite que grande. Voyez, me dit-on, lorsqu'on la tient en main, on la dirait endormie, elle porte la tête basse, mais lorsqu'elle est entre les jambes du cavalier, elle porte fièrement la tête ; elle n'est plus la même. — Je n'avais pas, à cette époque, la connaissance du cheval, que j'ai acquise depuis; mais je me souviens qu'elle était large et carrée, quoiqu'avec des angles arrondis ; la hanche était longue, la croupe bien fournie et les membres un peu forts.

Je ne crains pas de dire que, dans une race formée et entretenue par une sélection attentive dans un pays parvenu à notre degré de civilisation et d'intelligence, les chevaux qu'on considère aujourd'hui comme exceptionnels deviendront le produit commun, quoiqu'il y aura toujours, ainsi que cela arrive même en Arabie, des sujets hors ligne, ce qui est un propre de toutes les espèces. Ce sont précisément ces derniers dont le *choix* appelé *sélection* a la vertu d'entretenir ou d'élever le niveau de l'espèce.

RÉSUMÉ ET CONCLUSIONS

Il résulte du chapitre premier que le concours donné par le gouvernement aux agriculteurs pour procréer des chevaux de service de bonne qualité et bien conformés ne produit pas un résultat satisfaisant.

Les chapitres II et III entrent dans le vif de la discussion et montrent que la seule méthode à suivre consisterait à maintenir et à développer chaque race naturelle dans son milieu, par voie de sélection attentive et suivie *in and in*.

Le chapitre IV entre dans certaines explications de détail.

Le chapitre V est une digression nécessaire à propos du cheval de course et du métis réussi.

La conclusion de l'ensemble des chapitres est que l'on commet une erreur en poursuivant en France la création générale, au nord d'une part, au sud de l'autre, de deux races seulement de chevaux par le métis Anglo-Normand et le métis Anglo-Arabe ; que l'uniformité, tant au nord qu'au sud, est incompatible avec la variété des milieux qui existent dans les régions diverses à chacune desquelles il convient de laisser sa race originelle, tout en l'améliorant par voie de sélection en dedans, méthode indiquée par les lois naturelles, les enseignements de la physiologie et les exemples de la pratique.

Que MM. les officiers des haras, munis de l'enseignement prescrit par l'arrêté ministériel du 9 juillet 1879, dans lequel on devra donner une prééminence très accentuée aux études physiologiques et introduire la modification indiquée au Chapitre III, seront aptes à diriger dans cette voie les éleveurs du pays, si on leur en donne l'ordre.

APPENDICE

I

La transition est souvent difficile quand on veut modifier un système en matière d'administration, surtout quand celle-ci est pourvue d'un personnel et d'un matériel importants.

En ce qui concerne le personnel des haras, rien ne serait changé, comme je l'ai précédemment expliqué.

En ce qui concerne la partie immobilière, les établissements et locaux divers seraient maintenus.

Quant aux chevaux, on procéderait à leur remplacement au fur et à mesure des extinctions. Ceux qui périraient ou seraient réformés dans la région du nord de la France, seraient remplacés par les Anglo-normands qui existent dans la région du sud, et ceux-ci seraient remplacés par des étalons de sélection du cru. Les restes de l'influence Anglo-normande se maintiendraient donc plus longtemps dans le nord que dans le sud, où elle est surtout mal placée. Enfin, ils disparaîtraient aussi dans le nord, sans brusquerie. Pendant le temps de leur extinction successive, les éleveurs auraient le loisir de préparer pour les Concours des étalons de sélection locale.

Les écuries des haras seraient donc pourvues sans difficulté sérieuse et resteraient au complét jusqu'au jour où l'industrie étalonnière commencerait à se former. Alors, la substitution se ferait peu à peu et comme par cémentation. Les écuries des haras nationaux ne seraient démontées, en chaque localité, qu'à la dernière heure et après que, dans cette localité, la position de l'industrie se serait bien affermie et fortement confirmée, et, même alors, les établissements de l'État ne seraient pas aliénés, mais seulement amodiés à très court terme, pour être prêts à se remonter dans le cas où l'industrie viendrait à fléchir dans quelque région, ce qui arriverait assez probablement dans la première période qui suivrait la transformation.

Enfin, lorsque les étalonniers de l'industrie marcheraient dans la bonne voie, ce qui demandera toujours quelque durée, les officiers des haras resteraient toujours en fonctions pour exercer ce que nous appelons en France le contrôle, genre de surveillance qui ne devient gênant pour les intérêts privés que quand ils veulent faire échec à l'intérêt public, et qui, hors ce cas, n'est inspiré que par une bienveillance constante et un amour sincère de l'harmonie et du succès de nos institutions. Ces fonctionnaires de contrôle seraient en outre un aide et un guide utiles pour les concours des Comices et Sociétés diverses se rattachant à l'agriculture et à ses progrès.

En ce qui concerne les étalons de pur sang qui existent dans les divers dépôts d'étalons, on les rallierait, au fur et à mesure des vacances, dans les dépôts les plus voisins des lieux d'élevage du pur sang, comme la Normandie, Chantilly et la banlieue Parisienne. On les y renouvellerait même, s'il en était besoin, pour ne pas laisser péricliter l'institution des courses plates et du trot, et ne pas entraver la formation des chevaux spéciaux à un certain luxe, aux steeple-chases, aux chasses, aux exercices qui forment et endurcissent la jeunesse, chevaux que la mode recherche dans les métissages divers, et qu'on désigne sous le nom de demi-sang. On cesserait de les renouveler lorsque les gentlemen qui se livrent à ces élevages divers auraient des écuries suffisantes pour s'en passer. Jusque-là, il serait regrettable que le gouvernement leur refusât son concours pour acheter certains chevaux exceptionnels dont la fortune publique peut seule faire les frais, ce concours dût-il se prolonger longtemps, et, à ce sujet, j'ajoute que pour avoir une réserve de chevaux pur sang d'élite, il serait bien de conserver la jumenterie de Pompadour. Un roi, un empereur, un lord, un riche gentleman enfin, possède comme l'un des objets de son luxe, un beau haras : je trouverais bien que la France , qui est un pays riche, eût le sien. Il n'y a aucun tort à posséder un pareil accessoire et à le puiser dans des races étrangères qui ont de hauts mérites et qui jouissent des faveurs de la mode. Le tort serait de croire qu'avec des métis de races pareilles , il serait possible d'unifier les races diverses d'une population chevaline de trois millions de têtes.

J'ai dit plus haut que je reviendrais sur les moyens de se procurer l'élite des chevaux du cru qui formeraient les étalons de la méthode de sélection en dedans. Ce serait un procédé analogue à celui qu'on emploie aujourd'hui pour acheter les étalons demi-sang : ils proviennent presque tous de l'industrie privée et sont appelés dans des concours *ad hoc* où ils sont examinés, triés et estimés par des Commissions spéciales choisies avec soin parmi les personnes capables dans l'espèce.

Je n'entends pas être ici l'auteur d'un plan d'organisation, j'ai voulu seulement indiquer que cette organisation n'est pas impossible et qu'elle peut succéder sans secousse à l'organisation actuelle, avec laquelle elle aurait, dans les commencements surtout, beaucoup de rapports.

II

Pendant que ce travail était sous presse, il a paru en librairie un ouvrage intitulé : *Guide des Appareillements*, par M. Herbin, professeur de science hippique à l'école du Pin. Comme il me semblait traiter le sujet même qui fait l'objet de cette brochure, je me suis empressé de le lire, et comme je ne suis pas d'accord avec l'auteur, je lui demande la permission d'en faire un examen critique très sommaire. Je dois d'abord rendre un hommage d'ensemble à ce livre qui est très soigné, très beau et que je suis heureux d'avoir acquis pour ma bibliothèque.

Le célèbre Bourgelat inscrivait dans un carré son cheval modèle ; M. Richard critique ce choix et le remplace par celui du cheval Arabe, ce qui n'est pas déjà trop mal. Comme celui-ci a beaucoup d'encolure, M. Herbin trouve qu'elle charge inutilement l'avant-main et rend le cheval moins facile à conduire. Il préfère l'encolure moyenne et un corps long. Au carré de Bourgelat, il a substitué le rectangle comme devant circonscrire le corps du cheval. On peut inférer de là que son modèle préféré sera le cheval Anglais, ce que la suite semble démontrer. Voilà pour la description générale. Elle est accompagnée de détails intéressants, qui font du livre de

M. Herbin un ouvrage que tout sportsman devrait posséder dans sa collection hippique.

En ce qui concerne la locomotion, l'auteur en place l'organe principal dans le jeu de l'articulation formée par les deux os qu'on appelle le coxal et le fémur ou cuisse. Ils représentent assez bien les deux côtés d'un compas dont la charnière serait au point de suture de ses deux branches, c'est-à-dire vers la croupe. Au repos, les deux branches du compas doivent, dans un cheval bien conformé, être inclinées à 45° sur la verticale. Quand le compas s'ouvre pour chasser en avant la masse du corps, celui-ci chemine dans la voie de la résultante qui partage en deux parties égales l'angle du compas, c'est-à-dire chemine horizontalement, ce qui est favorable à la vitesse.

M. Herbin ne tient pas compte ici des deux efforts du cheval. Il y en a un, en effet, qui le porte en avant et horizontalement ; mais il y en a un autre qui l'élève dans l'espace, et c'est celui-ci que l'auteur a omis. De plus, le compas et la charnière dont il s'occupe uniquement n'existent pas seuls ; il y a trois autres compas depuis la croupe jusqu'au boulet, et tous trois ont une haute importance : l'un a pour charnière la rotule ; le second a pour charnière le jarret ; le troisième a sa charnière au boulet.

L'auteur n'en parle pas dans son chapitre V. Il

dit que cette portion de son livre est nouvelle. C'est juste; seulement, elle est loin d'être complète, et il termine ce chapitre en disant que la vitesse du cheval ne *sera déterminée au plus haut degré de l'échelle que par la pureté du sang.* C'est qu'en effet, l'auteur est préoccupé surtout de la construction du cheval pur sang; il en est de même dans le chapitre VI; mais il débute au chapitre VII en disant que ses études, « se rapportant aussi bien au cheval de service « qu'au cheval de course, galop ou trot, il va « se servir de ses connaissances. »

J'ai cru, en lisant cette tête de chapitre, que l'auteur allait entrer dans mon sujet. J'ai reconnu que je m'étais trompé. Ainsi, il est dit au § 3 de la page 95 : « La bonne poulinière, ai-je dit, « présentera la conformation la plus favorable « à la vitesse. » Plus loin, à la page 105, § 3, au sujet du choix de l'étalon : « Il est donc « bien nécessaire de connaître les lois généra- « trices de la vitesse par la conformation. » Il s'agit donc encore du cheval de course.

Le chapitre II de la deuxième partie est intitulé : « *Races usuelles.* » Cette fois, je me croyais bien arrivé à la partie qui traite le même sujet que moi. En effet, j'ai lu page 111, § dernier, cette phrase citée des études hippologiques de M. Gayot : « Nous voudrions qu'avant de songer « à perfectionner les races..... on ramenât la

« masse des individus d'une race donnée à des « formes homogènes, à des caractères généraux « fixes. » Il faut, disait M. de Lamotterouge en parlant de la Bretagne hippique, « régulariser « avant tout la conformation des masses..... par « une sélection suivie qui assurerait la régéné- « ration de nos races précieuses de trait..... « La population Bretonne... pourrait être alors « utilement croisée avec..... le cheval de sang. »

Ainsi, parmi les hommes qui sont partisans de l'emploi du pur sang, il y en a qui sont d'avis que la sélection dans la race est la première voie indispensable pour améliorer cette race. Quant à tirer de cette même race, une fois améliorée, des métis par croisement avec le pur sang, on obtiendra des métis, mais on en réussira au plus un sur quatre. Ce n'est donc pas par cette voie qu'on arrivera à faire le cheval du laboureur et du soldat, c'est-à-dire le cheval de service en France, le cheval d'un prix accessible. Les sujets non réussis se vendront seuls bon marché, et leurs cavales iront grossir le nombre des poulinières défectueuses.

M. Herbin, malgré les citations qui précèdent et qui sont extraites par lui de MM. Gayot et de Lamotterouge, dit ensuite, page 115 : « Le « croisement par le cheval pur sang et par ses « dérivés produit des effets plus prompts que

« l'accouplement par voie de sélection dans les « races usuelles. »

Il y a ainsi dans la rédaction du décousu, et c'est inévitable toutes les fois qu'on cherche sa voie en dehors des enseignements positifs de la science pure, parce qu'on oublie que ce cheval de pur sang qu'on retire d'un milieu où il est né, où il a grandi, ainsi que ses ancêtres, pour le transporter dans une terre, dans un milieu différents, perd déjà, par ce déplacement, une partie de ses qualités, lesquelles ne peuvent se conserver intactes que dans l'habitat de sa race.

M. Herbin dit, en outre, plus loin, même page : « On opère encore le croisement au moyen de « métis, produits de croisements successifs et « possédant les caractères fixes d'une race locale « de demi-sang. »

Mais, il n'y a pas de race de demi-sang ayant des caractères fixes. Le demi-sang est précisément le cheval qui n'a pas de caractère fixe. Les confusions de mots et de définitions amènent la confusion des idées ; il faut les éviter. La définition vraie, la voici : *Toute variété qui a acquis en un milieu des caractères fixes est ce qu'on appelle une race.* Il n'y a pas de demi-race, il y a des métis de deux races ; ce sont des demi-sang, mais il n'y a pas de demi-race.

Ce qui est dit aux pages 117 et suivantes, sur le département de la Manche et plusieurs directeurs du haras de Saint-Lô qui s'y sont succédés, mérite qu'on s'y arrête un instant. Dégageons d'abord de toute interprétation erronée la localité et les personnes désignées. La Manche est placée au premier rang, pour la richesse, parmi les départements français. La terre y est depuis longtemps bien cultivée, elle est généralement très fertile; les hommes y sont grands, fortement constitués et d'une intelligence de premier ordre. Les animaux qu'ils se sont donnés pour compagnons de leurs travaux et qu'ils élèvent eux-mêmes depuis plusieurs siècles, ont toujours été réputés pour avoir les plus hautes qualités des espèces auxquelles ils appartiennent.

Les hommes distingués qui sont nommés à la page 18 sont, à mes yeux, des hommes éminents.

Ce double point étant ainsi caractérisé selon la bonne et saine justice, citons textuellement M. Herbin en enjambant ce qui est inutile à notre sujet: « La Manche possédait..... plusieurs « familles..... fournissant le cheval de diligence, « d'artillerie, de selle et le bon troupier..... « Aujourd'hui, grâce aux travaux du haras de « Saint-Lô..... la Manche fournit le trotteur de « premier ordre..... les poulains de premier « choix qui doivent faire un jour l'étalon, le « cheval de carrière, le cheval d'officier et le « cheval de luxe. »

C'est dire clairement que la Manche qui faisait naguère le cheval d'artillerie, de selle et le bon troupier — ce cheval qui nous a manqué pendant nos dernières guerres — fait aujourd'hui les étalons demi-sang — ces grands étalons carrossiers qui sont si mal placés dans plusieurs départements, et qui forment à peu près leur unique population étalonnière — fait aussi le cheval d'officier et le cheval de luxe, c'est-à-dire les chevau exceptionnels dont nous avons déjà parlé au chapitre V.

Malgré le talent incontesté des directeurs du haras de Saint-Lô, malgré l'attention soutenue et les soins entendus dont les poulains et les jeunes chevaux sont l'objet, (1) malgré tout cela que ne peut imiter la grande masse des cultivateurs producteurs, « sur cent poulains qui « naissent, il n'y en a pas plus de vingt-cinq « qui deviennent de bons chevaux (2), » ce qui rentre dans ce que nous avons déjà dit au chapitre V. Les soixante-quinze autres ne sont plus les chevaux d'auparavant qui étaient le cheval de selle, le cheval d'artillerie, le bon troupier enfin. Ces soixante-quinze autres sont les chevaux manqués dont j'ai déjà parlé et dont les femelles, devenant des poulinières défectueuses,

---

(1) Zootechnie par André Sanson. — Tome 3, page 223, § 1er.

(2) Locution citée § 2.

continuent la confusion due aux produits ordinaires du métissage.

Telle est la conclusion. Ce n'est pas nous qui l'avons énoncée cette fois ; elle est du maître, du professeur du Pin. Elle coïncide avec la plainte qu'on nous a signalée et qui consiste à dire sommairement : « On nous a détruit nos « vieilles et bonnes races ! par quoi les a-t-on « remplacées ? » La réponse existe dans ce qui précède.

Si l'on poursuit attentivement la lecture du livre de M. Herbin jusqu'à la dernière page, on reconnaîtra que l'auteur suppose des éleveurs en mesure de choisir leurs étalons et leurs juments, ce qui n'est pas possible à la masse des cultivateurs qui font la pléiade des chevaux, d'où sortent le cheval du laboureur et du soldat et les chevaux des services divers ; cultivateurs qui n'ont qu'une ou deux juments et pour lesquels la condition ordinaire, comme dans le Perche, est de s'accommoder de l'étalon stationnaire ou rouleur, tous deux de sélection locale et appropriés, par ce fait même, à leur jument, et non pas de choisir leur étalon dans un haras. Lors même qu'ils le voudraient aujourd'hui, ils ne le pourraient pas, car ils ne trouveraient guère, dans les stations du gouvernement, que les grands étalons Anglo-Normands dont il a été déjà parlé.

Je conclus, au sujet de l'ouvrage de M. Herbin, en disant : C'est un beau et bon livre pour le gentleman d'une fortune indépendante, qui veut créer des métis à divers degrés de sang, comme le font les Anglais et certains éleveurs normands, des chevaux capables de courir vite ou de trotter beau, des chevaux exceptionnels enfin, qui seront réussis une fois sur quatre et défectueux pour le reste, mais qui, dans aucun de ces deux cas, ne seront des chevaux d'un usage habituel, des chevaux tels que les donnait la Normandie, et que M. Herbin appelle lui-même « cheval d'artillerie, de selle, et le bon troupier », c'est-à-dire le cheval du laboureur et du soldat, le cheval de service enfin.

Quant à l'innovation de l'auteur, au sujet du mécanisme, tant du membre antérieur que du membre postérieur, elle est incomplète pour le moins et pourrait bien paraître inexacte, si l'on considérait que, dans chaque membre, il n'y a pas un seul angle, mais qu'il y en a quatre (1), qui s'ouvrent et se ferment tous à la fois, aussi bien pour reculer que pour avancer.

FIN

(1) Dictionnaire Littré et Robin, 1865, page 273, figure 73.

www.ingramcontent.com/pod-product-compliance
Ingram Content Group UK Ltd.
Pitfield, Milton Keynes, MK11 3LW, UK
UKHW012101240726
13965UKWH00004B/1459